U0270793

我的第一本
科学漫画书
儿童百问百答 63

云端

物联网
科学

版权合同登记号 14-2022-0004

图书在版编目 (CIP) 数据

物联网科学 / (韩) 权燦好文；(韩) 车炫珍图；
张悦译 . -- 南昌：二十一世纪出版社集团，2024.6
（我的第一本科学漫画书 . 儿童百问百答；63）
ISBN 978-7-5568-8235-9

Ⅰ.①物… Ⅱ.①权… ②车… ③张… Ⅲ.①物联网
– 少儿读物 Ⅳ.① TP393.4-49 ② TP18-49

中国国家版本馆 CIP 数据核字（2024）第 105704 号

我的第一本科学漫画书·儿童百问百答 63
物联网科学
WULIANWANG KEXUE　　　 ［韩］权燦好 / 文　 ［韩］车炫珍 / 图　 张　悦 / 译

出 版 人	刘凯军
编辑统筹	姜　蔚
责任编辑	万　静
美术编辑	陈思达
设计制作	章丽娜　黄　明
出版发行	二十一世纪出版社集团
	（江西省南昌市子安路 75 号　330025）
网　　址	www.21cccc.com
承　　印	江西宏达彩印有限公司
开　　本	720 mm × 960 mm　1/16
印　　张	10.75
字　　数	131 千字
版　　次	2024 年 6 月第 1 版
印　　次	2024 年 6 月第 1 次印刷
书　　号	ISBN 978-7-5568-8235-9
定　　价	30.00 元

赣版权登字 –04-2024-227　　　版权所有，侵权必究
购买本社图书，如有问题请联系我们：扫描封底二维码进入官方服务号。
服务电话：0791-86512056（工作时间可拨打）；服务邮箱：21sjcbs@21cccc.com。

看趣味问答，进入妙趣横生的科学世界！

编辑部的话

　　科学是人类认识世界、改造世界的工具。我们可以利用科学去了解世界的基本规律和原理。随着人类社会的发展，科技突飞猛进，很多人们过去不了解的事物都慢慢为人们所了解。这就是科学的力量。当然，这必须感谢一代又一代科学家的不懈努力，是他们引领我们获取科学知识，告诉我们怎样去探索世界。科学探索，首先，要具备丰富的知识、敏锐的观察力；其次，需要好学上进的探索精神；最后，还需要一点点好奇心，当你开始去问"为什么"的时候，可能就是你探索世界的开始。

　　在我们的生活中，一个个奇怪又有趣的小问题看似简单，却可能隐藏着并不简单的科学原理。只要稍微留心一下平时那些容易被忽视的事物，我们可能就会得到新的收获。

　　本书以"百问百答"的形式，提出了许多有趣的科学问题，从科学的角度为孩子们普及天文、地理、数学、物理、化学、生物等学科知识，展示出一个丰富多彩的科学世界。这套书不仅能充分调动孩子们的好奇心，还能培养孩子们勇于探索的科学精神。好了，现在就让我们跟着书里的小主人公，一起走进广阔的科学世界，去感受科学的奇妙吧！

二十一世纪出版社集团
"儿童百问百答"编辑部

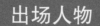

出场人物

罗奉九
传说中被冠以
"全国儿童放屁王"头衔的
捣蛋鬼。他经常和旺仔一起
做出令人啼笑皆非的事情。
他对科学十分好奇,
是个可爱的孩子。

旺 仔
从仙女座星系来到地球的
小外星人。他热爱探索、
科学知识丰富,
能完全满足奉九的好奇心。

机器人Pepo

漫画家叔叔

黑客

食人花

茫山虎

保卫地球研究所成员
吴东希

卷卷

孙子和奶奶

外星人
多多

书店叔叔

我们生活中的物联网

嘀

我们身体内的物联网

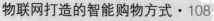

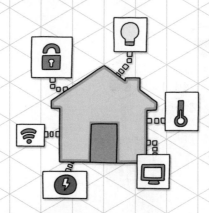

数码世界与物联网的未来

我们生活中的

物联网

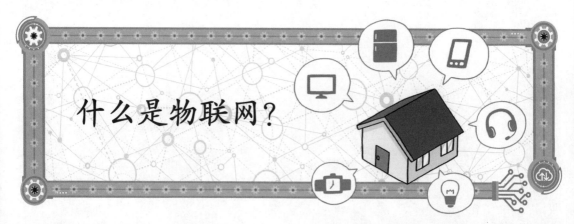

什么是物联网？

物联网正逐渐融入我们的生活，人与事物相互连接的超链接社会 * 即将出现。哇哈哈哈哈！

吧唧 吧唧

吧唧 吧唧

*超链接社会：随着互联网通信技术的发展，通过网络将人、事物、数据等全部连接起来的社会。

物联网是什么啊?
我还是第一次听说呢。

物联网可是第四次工业革命时代和机器人、人工智能、大数据一样重要的领域,你居然不知道!

怒　摇头　摇头

他又觉得自己了不起了。

在日常生活中,电视机、冰箱、洗衣机、微波炉、智能手机、自行车、电脑、汽车、灯泡、马桶、运动鞋……这些东西都是不可或缺的吧?

嗯,数都数不清呢!

简单来说就是物与物相连的互联网。通过射频识别技术和信息传感设备,按照约定的协议,将物品与互联网连接起来,实现物品的自动识别、跟踪以及信息交换等。

WWW*

啊!那马桶、鞋子、眼镜也能连接网络吗?

---

* WWW:万维网(World Wide Web)的简称。人们通过连接网络的电脑来共享信息的全球性信息空间。

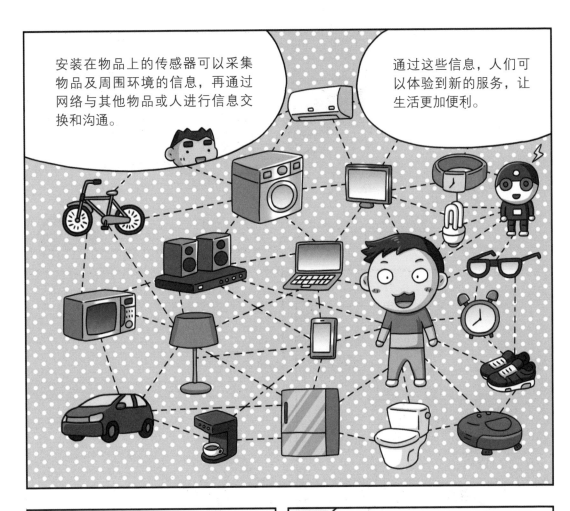

安装在物品上的传感器可以采集物品及周围环境的信息，再通过网络与其他物品或人进行信息交换和沟通。

通过这些信息，人们可以体验到新的服务，让生活更加便利。

我爸爸把智能钥匙靠近他的汽车，车门会自动打开，这也是物联网技术。

嘀

安装在汽车上的车钥匙识别系统天线和智能钥匙内的隐藏天线互相通信，信息匹配的话车门就会打开。

嘀

嘿，好神奇！

回家前，可以用智能手机远程控制，提前打开家里的热水器，给浴缸里放上热水。

人

淋浴器传感器

热水器传感器

智能手机

哇！物与物、物与人同时连接呢！

另外，如果把床和室内灯用物联网连接起来的话，就不用自己挨个儿去关灯，只要人一上床就会自动关灯。

电灯传感器

啪

人

做个好梦，晚安！

床垫传感器

通过物联网将马桶和医院的电脑连接，那么你每天上厕所的时候，就能通过App*监测到你的健康状态。

医院

马桶传感器

人

电脑

智能手机

祝贺你！这是非常健康的香蕉形状的黄金便便哦！

哇！两个以上的物品相互连接就能实现单个物品无法实现的新功能呀！

惊

就是这样！

物与物、物与人连接，让我们的世界变得更加便利，真让人期待！

哇哈哈哈

* App：移动应用程序（Application）的缩写，指在智能手机和平板电脑等设备中使用的各种应用程序。

可以用智能手机关闭煤气阀门吗？

看，是浩浩一家。

我想买爆米花和可乐。

看来是要去电影院啊。

啊！我是最后一个出来的，我好像忘关门了！

哎哟，你又……为什么每次出门都这样？

反正我们家也没有什么可偷的贵重物品，不管了吧！

看电影要迟到了。

要伤爸爸的自尊心了。

啊！我该怎么办？

怎么了，妈妈？

出门前我想煮拉面，锅里烧着水，好像忘记关火了！

对了！得去化个妆呀。

咕嘟 咕嘟

拉面

益地

呃啊啊！

我们家要是着火了怎么办？

我们会无家可归吗？

呜呜！我不知道！

难道不应该先打119吗？

真烦人！

呃……

一窝蜂

爸妈的健忘症害得我们每次都看不成电影！

……

啧啧，如果设置了物联网环境，就不用那样惊慌失措地跑回去了。

说什么呢？大门没锁、燃气灶没关就出门了，得赶紧回去关一下呀！

自信满满

如果出门忘了关燃气，可以通过智能手机关闭燃气阀门。

哎呀，燃气都没关就出门了，得赶紧把燃气阀门关上。

响铃♪

关闭燃气阀门！关闭成功！

差点出大事！

控制燃气阀门

燃气阀门处于打开状态

关闭阀门

另外，如果出门忘记关门，也可以通过智能手机控制关门、锁门。

咔嗒

像这样家里的东西都安装了传感器，就可以通过智能手机远程切断电源和燃气等，并且可以立即确认家中状况。

控制器

开关	连接插头
关闭燃气	关闭房门
调节温度	温度传感器

想要一到家就洗个澡好好休息，回家前30分钟就打开电热水器吧。

预计主人30分钟后到达，启动！

响铃♪

通过智能手机预约，还能提前启动电热水器，这都是物联网技术呀！

哇，真是梦幻般的世界啊！
奉九你怎么知道这么多呢？

得意

嘻嘻，我家已经实现了全屋智能化，

并且被评选为物联网示范住宅了！

啊！真的吗？

刚刚我用智能手机把预计到达的时间发回家里了。

控制系统收到信息后，就会把我的到达时间传送给家里的各个设备。

我到家前，热水器就会开始工作，还会往浴缸里放好洗澡水。

哗啦啦

启动

哗哗

音响会播放我喜欢的音乐，室内灯也会自动亮起。

还会准备洗完澡后喝的热可可和曲奇饼干呢！

哼！就这些有什么可炫耀的？

愤怒

你这是在嫉妒我吗？

看好了，想回家的时候这么说……

我要回家。

耳机天线将我的声音传到家里……

旺仔主人，我来接您啦!

唔 唔 唔

汪! 汪!

它是自己来的，哈!

呃……外星人的物联网规模真不一般啊。

故障

喂! 在山顶上出故障，难道要让我住在山顶上吗?

来登山叫上了它，结果出故障了。

……

能感知地震的热水器

当采用物联网技术的燃气热水器通过传感器感知到地震时，会立即停止运行。传感器将感知到的信息发送至燃气公司的中央服务器*，服务器再向地震发生地区的燃气热水器传达指令，阻止启动。届时，可能发生余震的地区的燃气也将被全部切断，可以提前预防地震引发的爆炸和火灾等二次事故。

*服务器：在网络环境或分布式处理环境中，为用户提供服务的计算机。

有没有当孩子尿尿时会发出信号的尿布呢？

奉九，这是给你的礼物。

哦，今天不是我的生日啊，为什么送我礼物呢？

薯片

这不是内裤吗？我还以为是什么呢！

嘿嘿！这你就不懂了吧！穿上这条内裤，人就会变得非常健康。

但是屁股这里的这个红点有点扎眼呢……

这个红点正是这条内裤的亮点呢。因为这条内裤有助于血液循环，所以要好好穿哦。

这可是卖断货的内裤呢。

奉九，我把几天前借的《儿童百问百答》带过来了。

嘿嘿，快来一起吃方便面吧！

对于带孩子的家长来说，这应该是个好东西。

呼噜

呼噜呼噜

最近上市的这款智能尿不湿还有可爱的动物图案呢。

智能尿不湿提醒装置

注意，注意！水量增加！

这个装置里面有水分传感器。所以当孩子尿尿时，它能够感应尿不湿内的含水量，实时向父母智能手机中的 App 发送提醒信息。

天哪，宝宝尿了这么多！

如果不及时换尿布，婴儿娇嫩的皮肤就很容易发红、瘙痒。

妈妈们需要经常确认孩子是否大小便，有了这个，她们就轻松多了。

呼噜呼噜

呼噜

哇！应用物联网技术的智能尿布……嘿！

我们生活中的物联网

传说中百年一遇的
放屁儿童

尿布上安装传感器

随时随地会大小便的婴儿如果不及时换尿布，就会出现各种皮肤问题。智能尿布上装的智能传感器可以实时感知大小便，通过智能手机 App 传送给监护人，让监护人确认尿布的状态。该系统适用于自控能力较弱的婴幼儿、行动不便的重症患者、阿尔茨海默病患者等。

动物也能通过互联网
连接起来吗？

专注

垃圾袋

咦，那只小狗不是
小盛家的卷卷吗？

没错，它为什么在
那儿独自玩耍呢？

看这家伙，
狗绳都没系。

应该是趁小盛
不注意偷偷跑
出来的吧。

哼唧

舔

先给这个捣蛋鬼
戴上项圈吧。

？

他是什么时候拿
的项圈啊？

我马上就能找到卷卷！哎哟！

你整天只知道到处乱晃，能有什么办法？

大怒

我刚刚给卷卷戴的项圈可不是普通项圈，上面有可以追踪位置的传感器。

传感器？

装在项圈上的终端设备

出版社

呼哧

将自己宠物的名字、年龄、大小、照片等信息录入到 App 中，为它登记注册。

主人可以通过 App 实时监控宠物的位置，它跑多远都能看到。

查询当前位置

哎呀！卷卷在出版社门口呢！

出版《儿童百问百答》的那家出版社吗？

出版社

汪！

汪！

哒哒哒

哇哦！卷卷在那儿！卷卷！

天哪！好厉害！

定位只是最基本的功能，我们在 App 中还能看到宠物的运动量以及当前的健康状态呢！

哇哦！连这都可以？

🐾 散步

5 月 14 日下午 3 点 5 分
卷卷开心地散步。

🏠 饮食

5 月 14 日中午 12 点 30 分
卷卷吃光了一大碗饭。

现在已经开发出来且在售的物联网宠物用品具有多种功能，能将人与动物连接起来。

主人外出时，只剩下宠物在家，主人可以通过智能手机连接摄像头来实时观察宠物的情况。

娜娜、奇奇都在乖乖地玩耍呢。

宠物可以通过扬声器实时听到主人的声音。

娜娜、奇奇都在乖乖地玩耍呢。

喵喵

喵喵

可以 360 度旋转发光，代替主人陪猫咪玩耍。

可以远程操控，用来陪伴狗狗的玩具。

我们生活中的物联网

除此之外，还可以通过智能手机远程操控或使用预约功能，给独自在家的宠物喂食呢。

该给我家玛丽喂食了。

玛丽，快吃饭吧。

DOG

吧唧吧唧

哗啦啦

哇，不仅是汽车、马桶、热水器，连宠物都可以通过互联网连接起来呢！

世间万物都能连接起来！

呜呜

咦，又是谁在放声痛哭啊？

你去哪儿了，我的宝贝？求求你了，快回来吧，我的宝贝！

哦，是没见过的狗？

呜呜

它哭得好伤心。

啊，对了！你瞧我这记性。在智能手机上安装卫星定位系统后……

突然

嗯？居然在这附近！

巴乌，找到啦！

物与物、物与人，甚至是人与动物都能相互连接，这真是个精彩的世界！

能与动物对话的物联网

针对宠物的物联网产品常见的有喂投器、项圈等。主人给宠物佩戴项圈后，不仅可以随时掌握宠物的位置，还可以随时了解宠物的健康状况。除此之外，App还会分析不同时间段宠物的运动量。主人外出时，可以通过手机App给家里的宠物喂食。

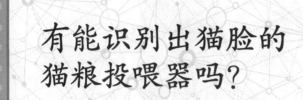

有能识别出猫脸的猫粮投喂器吗？

呼 呼 呼

站

哈哈哈，这就是我要征服的彩虹村吗？

我，是这个猫咪王国的王子阿龙！我要一举接管这个村子，得到父王的认可。

虽然很可怜，但没办法呀。人类啊，别怨恨我，哈哈哈！

闪亮

当嘟
当嘟

20L
垃圾

啊！才想起今天一天什么都没吃。为了找到这个村子，连日来东奔西跑……

从挂在腰带上的口袋里掏点钱买条鱼吃吧。

哎呀！我的腰带跑哪儿去了？喵！喵！

怪不得总感觉肚子空空的！

……

哇，我买的自动投喂器送到了！

哇，看看这优雅的姿态。

什么啊？本来听说非常特别，我还很期待来着，但是这台投喂器跟其他投喂器比也没什么特别之处嘛。

喵呜

喵呜

这你就不懂了吧，这台投喂器能够识别猫咪的脸呢！

天哪，难道……

喵呜！

这台机器叫"猫咪食堂"，是猫咪专用的投喂器。

喵喵？

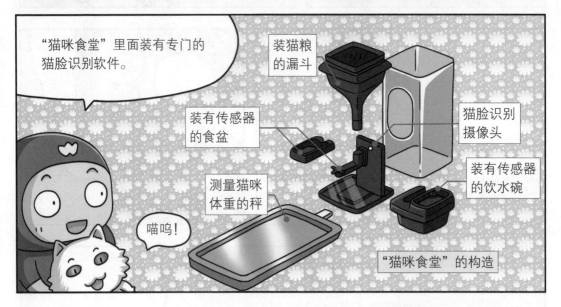

"猫咪食堂"里面装有专门的猫脸识别软件。

装猫粮的漏斗

装有传感器的食盆

猫脸识别摄像头

测量猫咪体重的秤

装有传感器的饮水碗

喵呜！

"猫咪食堂"的构造

当猫咪为了吃猫粮而站在这个秤上时，重量传感器和摄像头就会启动，投喂器会立即将测量到的体重数据和猫脸影像传送到主人的手机的 App 上。

吧唧

可咚

嗯？这小子长胖了呢！

还会把猫咪吃了多少猫粮、喝了多少水，以及健康状况都分析出来发给主人。

吧唧吧唧

喵呜！喵呜！
（喂！让我也吃点吧！）

哇，可以系统地管理猫咪的健康呢！

没错。据研发人员介绍，他是为了自己养的猫咪才设计制作了"猫咪食堂"。

为什么？

他的小猫咪食欲下降，还突然晕倒了，去医院检查后才知道是胰腺出了毛病。

喵……

所以，为了监测猫咪平时的饮食情况和健康状况，专门开发出了猫咪健康管理系统。

吧唧

原来是饱含着对猫咪的爱的自动投喂器呀！嘿嘿。

嗝儿

我们生活中的物联网

主人可以根据 App 接收到的信息调节猫粮的投放量，防止猫咪暴饮暴食。

三植，你该减减肥了。

这像话吗？

喵喵

喵喵

这个 App 最大的特点是，通过安装在投喂器上的摄像头拍摄猫咪的脸，并实时传送到服务器进行分析。

服务器

分析后传送信息

像我们这样养了多只猫的情况，可以通过投喂器的猫脸识别功能对每只猫分别进行投喂。

可以对不同猫咪进行针对性的健康管理！

咪咪
（波斯猫）

三植
（美国短毛猫）

琪琪
（暹罗猫）

嘿嘿！

叮咚

嗯？

怎么了？

这是自动投喂器传送给我的猫脸图片，但这不是我家养的猫咪啊！

是不是坏了？

猫粮投喂

猫咪未登录

红虎斑

脏兮兮

吧唧 吧唧 吧唧
吧唧 吧唧

好好吃!

这家伙以前没见过啊,瞧它脏的!

哎哟,臭死了!

天哪,它好像饿了好几天的样子。

我看到它在巷子里的垃圾桶旁边哭,就把它带过来了。

哼!既然招待了我,这回就饶过这个村子吧。这村里的猫运气可真好!

饭后连汤都没有。哼!

呼 呼

猫咪专用智能投喂器

　　猫脸识别技术是将安装在投喂器上的摄像头拍到的猫脸影像实时传送到服务器上进行分析、识别的技术。当识别出新的猫脸时,会将获得的猫咪信息即时传送到用户的手机中的 App 里。

有可以DIY*咖啡的自动贩卖机吗?

听说《儿童百问百答》出新书了!

好开心!

书 乌龟书店

呜呜呜

《儿童百问百答》新书到!

神奇的电视传播

咦,这是什么声音?

?

呜呜呜……真是太过分了!英子,你怎么这么不懂我的心呢?

看来叔叔的恋爱不太顺利啊!

书店本来就没什么人,这样一来,仅有的几个顾客都要吓跑了。

抽泣 抽泣

*DIY:自己动手做(即英文 do it yourself 的缩写)。

欢迎光临，英子！

乌龟书店

书

《儿童百问百答》

为什么总是叫我来？我忙得很呢！

当当！我们书店引进了咖啡自动贩卖机。我想请你喝第一杯，哈哈！

不好意思，我不喝自动贩卖机的咖啡，我不太喜欢……

我还很忙，先走啦！

英子，等……等一下！

转身

这是依托物联网技术开发的咖啡自动贩卖机，可以按照你的要求现场制作咖啡。

不会吧？太神奇了！

哈哈！在手机 App 上选一下你想要的咖啡种类和浓度吧！

唰

我喜欢加热牛奶的拿铁咖啡。

按

清洁状态：干净
最后清洁：1 小时前
平均清洁次数：一周 5 次
杯子：有　水：有

MENU
拿铁　卡布奇诺　意式浓缩　美式

选择完咖啡后，根据你的喜好调整咖啡和糖的量。

按

拿铁　卡布奇诺　意式浓缩　美式

咖啡 < 2 阶段 > ○ 预约
糖 < 2 阶 <

我要一点点糖……

按下咖啡种类、浓度调节按钮，选择完毕后，把手机靠近自动贩卖机。

■ ☎ ✉ ● ▪▪▪ ▫ 上午10:35
● 制作咖啡

自动贩卖机 ID：
乌龟 13 号

然后自动贩卖机和智能手机上的 NFC* 感应启动……

MENU

正在连接自动贩卖机……

○ 请等待

流出　哗啦啦

LOVE ♥

英子，这台机器肯定会做出符合你口味的咖啡的。

哎哟，很期待呢！

喝

紧张

紧张

---

* NFC：Near Field Communication 的缩略语，意为"近距离无线通信"。
是一种在 10cm 以内的距离传输无线数据的通信技术。

我的天哪！这就是我想要的咖啡的味道！太好喝了！

哇哈哈哈！这台自动贩卖机连接的是无线网络……

所以能实时与其他设备进行数据交换。

嘀

通过NFC功能订购咖啡，这是一种近距离通信方式。

除此之外，自动贩卖机内的磁性传感器会监测自动贩卖机的清洁状态，然后直接通过网络传送。

自动贩卖机里的卫生状态也很容易确认呢！

每当打开自动贩卖机清理咖啡渣桶的时候，磁场强度会变化。

自动贩卖机会把这个信息传送给手机。

噢！

姐姐，你惊讶得太早了，当当！

请稍等，我给你做一杯跟你长得很像的兔子拿铁咖啡。

天哪！

在咖啡里倒入热牛奶，勾勒出梦幻图案的艺术！为了这一天，我足足学了三个月呢！

哗啦啦

远程遥控咖啡机

早在 2008 年前后，就有全球连锁咖啡店在部分店铺设置了智能咖啡机。该机器可通过网络与总公司连接。总公司传送咖啡制作方法，并远程监控机器状态，同时还能调整咖啡萃取的时间、温度，以及分析顾客的喜好。

我们生活中的物联网

有纸巾用完后会自动提醒的纸巾架吗？

呃呃……中午吃的鸡丁饭坏了吗？

咕噜

咕噜噜

啊，实在忍不住了！

社长

咕噜噜

罗奉九又要去卫生间吗？为什么总在关键时刻出状况？

扑哧

不……不好意思！

真是的！人有三急不懂吗？要是他吃了坏掉的饭菜……

呃呃

禁止在卫生间墙壁上乱涂乱画！

虽然很想马上辞职，但汽车贷款还剩30个月才还完……

嗯？

唰

哎呀！纸……纸巾竟然没了啊！

震惊

完蛋了！

是谁啊？最后用卫生纸的人是谁啊？真没素质，也不为后面的人着想，用完了就得挂上新的卫生纸啊！

糟糕，没带手机，现在也没办法叫人送卫生纸了……

外面有人吗？旺仔！老板！

呜呜

禁止在卫生间墙壁上乱涂乱画！

离办公室很远

太过分了！罗奉九在卫生间睡着了吗？已经过去多久了？

唔

我回来了。

噢？

颤抖

颤抖

罗奉九，你连袜子都不穿光着脚干什么？你是来公司玩的吗？

我……

因为厕所里没卫生纸了，所以我就用袜子擦了……啊！我的袜子！

呀！

啊！

一个只有三个人的小公司，也不能要求专门请一个打扫卫生间的阿姨……

为了避免再次发生今天这样的不幸事件，我觉得还是得提前做好准备。

做什么准备？

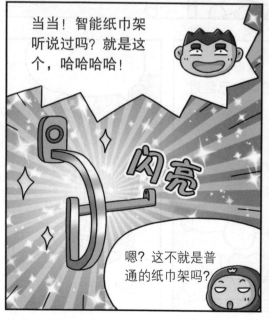

当当！智能纸巾架听说过吗？就是这个，哈哈哈哈！

嗯？这不就是普通的纸巾架吗？

看好啦！当纸巾用完的时候，这个纸巾架会给我的手机发送信息，提醒我更换新的卫生纸。

哇！真的吗？

提示灯

红外线传感器

电池

电池仓

呜呼！原来是这种构造呀。

原理很简单：当这个纸巾架上挂着厚厚的纸巾时，红外线会被卫生纸挡住并反射。

反射

嗯！还剩很多卫生纸！

当纸量减少到无法挡住红外线发射口的时候，红外线传感器就能接收到信号并发送更换提醒至用户的手机。

哎哟，卫生纸已经用完了吗？

请更换卫生间纸巾

提示灯亮红灯了

肉眼看不见红外线

啊！卫生纸用光了！

这纸巾架真奇特，对吧？嘿嘿！

就算不安装这个也没影响，每次上厕所的时候自己带好卫生纸不就行了吗？

你想想，如果在火车站、机场、大型超市、公园、学校、图书馆等公共场所普及这种纸巾架会怎么样呢？

我们生活中的物联网

着急上厕所的人就不会遇到像我刚才那样尴尬的事了啊！

最重要的是负责很多个卫生间的保洁人员就能够准确、及时地补充卫生纸。

啊！

空

更换为智能纸巾架后

请补充2楼13号卫生间的纸巾。

还剩很多呢。

更换前

啊哈！这样就不会白跑了，可以提高管理效率。

几个月后

哇哈哈！这就是花钱也买不到的限量版袜子！

哼

袜子

啊……好羡慕！

咕噜咕噜

呃！

哎呀！刚才好好的，现在又开始拉肚子了！

你……又去拉屎？

咕噜噜

哗哗哗

呼，差点就拉裤子里了！

嗯？

惊

啊啊！这……这是怎么回事？都没有收到补充卫生纸的通知啊！

空空

可能智能纸巾架的电池没电了，就停止工作了。但是……

我可不忍心拿我心爱的限量版卡通袜子擦屁股。

那你是用什么擦的呢？

这是个谜。

屁股有点凉飕飕的。

真是一刻也不能缺少我呀！

你这家伙，给你买的新内裤第一次穿就丢了？

啊，奶奶！我有不得已的苦衷啊！

一溜烟

智能感应垃圾桶

　　传统的垃圾桶一般是用手开盖或脚踏式开盖。现在很多智能感应式垃圾桶的盖子上装有感应器，通过红外线或微波来感应上方是否有物体，并自动开启和关闭。随着生产技术的提高，这种垃圾桶的感应距离提升了很多，不容易夹手，反应速度也越来越快，使用很方便。

有会说话的镜子吗？

为您播报今日新闻。

博士！
旺仔博士！

旺仔研究所

喂！干吗疯狂按门铃？门铃都要被你按坏了！大清早的你有什么事？

旺仔研究所

我是来上厕所的。

为什么要到别人家里上厕所呢？

卫生间

我家停水了，所以卫生间用不了。

镜子里怎么传出来一个女声？

啊啊，好可怕！

哈哈哈哈哈！胆小鬼，这是智能镜子，一种应用物联网技术的智能家居用品。

什么，智能镜子？

你好，露露。今天我要做哪些事情呢？

惊

早上好，♫旺仔博士！

6月4日，星期六，上午8点23分

旺仔博士，昨晚睡得好吗？

☂ 12%
降雨概率
☀ 21℃

6月4日您的日程中有3件事。

今日日程

上午 9:30
在小区里散步
中午 12:30
与金博士
共进午餐
下午 2:40
看动漫电影

嗯……今天也是充实的一天呢。

哇，镜子能认出博士，还能进行对话呢！

愣住

因为这面镜子里装着具有人脸识别功能的高清摄像头，所以能识别镜子前的人。

原来如此。

这面镜子还能通过面部动作来控制，做简单的动作，比如闭一只眼，就能启动智能镜子。

咔嚓

还可以把闭一只眼设置为启动摄像头拍照呢。

在忙碌的早晨，可以一边洗脸，一边确认今天的日程，还可以听新闻、天气预报之类的。

啪嗒 啪嗒

6月4日
上午7点30分

哗哗

今天凌晨2:40左右，一头出来觅食的野猪袭击了便利店，引起了骚乱和恐慌。

家里只要放着智能镜子的地方，就像放着超大屏幕的智能手机一样！

今天推荐的穿衣搭配如下。

不用打开电脑和手机也可以十分方便地读取信息。

我们生活中的物联网

另外，还有一种智能全身镜，不仅能识别人脸，还能识别全身哦。只要往它前面一站，什么体重、体形、健康等各种人体信息它都能获取并分析再传至手机 App。

站在镜子前的踏板上，3D 扫描仪开始采集身体信息。

啊！比上周胖了两斤，肉肉都长在肚子上了！

为了方便使用者，智能镜子也具备触屏功能，能呈现与手机同样的界面，使用者可以直接在镜面上操作。

今天打折的汉堡是……

啪

哇哦！这面镜子真棒！能把我这个美男子的五官真实地呈现出来！嘿嘿！

美男子？

呵呵呵！

哐当

哐当

哐当

天哪！怎么突然这样？

会"魔法"的智能化妆镜

智能化妆镜具有虚拟试妆的功能，在进行人脸识别后，可以根据你的选择，对镜子里的你虚拟上妆。你可以随心所欲地选择不同的妆容效果，实现一秒换妆。而且，它还能获取你的皮肤数据，进行专业分析后告诉你皮肤的状态和问题，提供改善的建议，真是太有趣了！

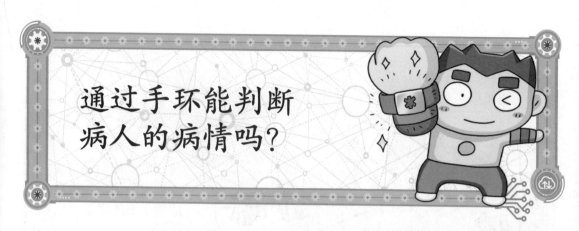

通过手环能判断病人的病情吗？

吃了好吃的，这才活过来了。

我饿得差点晕过去了。

吧唧

吧唧

晕
晕

摇摇

晃晃

嗯？

摇摇

看，大叔走路有点不稳。

晃晃

晕……

好像哪里不舒服……

哎呀！

扑通

啊！大叔！

大叔，你哪里不舒服吗？

呃……头晕目眩，四肢一点力气都没有……

啊，这不是智能健康监测手环吗？

把具有 NFC，即近距离无线通信功能的手机贴近手环就可以了。

然后呢？

嘀

智能健康监测手环对慢性病患者来说堪称"生命手环"，是一种记录健康状况的物联网设备。

LIFETAG
紧急救助系统

患者如果在外面突然晕倒，路人对其施救时，这种手环能帮上大忙。

哎呀！大叔是糖尿病引起的低血糖症状！

糖尿病是体内胰腺分泌的胰岛素不能很好地调节血糖的疾病吗？

嗯！胰岛素不足或不能正常工作，会导致糖尿病患者的血糖值比正常人的高很多。

检查一下血糖吧！

所以，患者平时为了降低血糖，会注射胰岛素或服用降低血糖的药物。

患者如果不好好吃饭，或者在剧烈运动的状态下注射胰岛素或服用降血糖的药物，血糖就会异常下降，出现低血糖症状。

那么就会像大叔这样感到头痛、头晕、不安和饥饿等，还会四肢颤抖。

进去的时候请小心一点。

谢谢孩子们。

一定要健康呀，叔叔。

呼，真是万幸。多亏了紧急救助系统，叔叔才能迅速得到正确的应急处理。

嘀嘟

嘀嘟

天哪！玩得太开心了，都不知道时间过得这么快。

呃……请……请帮帮我！

咦，那里怎么有个孩子啊？

那个孩子看起来也好像有哪里不太舒服。

看，这孩子也戴着健康监测手环呢。

那快跟智能手机连接一下吧！

啊，还有不能看见满月的病吗？看来是种罕见病。

满月已经升起来了啊。

* LIFETAG
紧急救助系统

120

患有不能看满月的病，千万不能让他看到满月。

监护人

智能药瓶

现在连药瓶都智能化了，一到设定的吃药时间，智能药瓶就会提醒主人吃药，比如盖子上的灯亮起来，同时发出提示音。传感器如果感应到盖子被打开，会通过网络通知监护人；如果过了吃药时间盖子仍未打开的话，智能药瓶则会向监护人发出警报，让其督促患者吃药。

我们生活中的物联网

连接世界万物的物联网

在连接互联网的环境下，装有传感器的物体相互交换信息（数据），这就是"物联网"。那么，物与物之间要实现"对话"，有哪些关键要素呢？

👉 ★物联网技术的关键要素

一、硬件设备

物联网技术离不开各种传感器、执行器等，传感器用于采集环境中的数据，比如温度、湿度、位置、影像等，执行器用于执行指令。这些硬件设备是物联网的基础，决定了物联网的稳定性和可靠性。它们的智能化和自动化让我们的生活更方便、更节能。

家庭智能节电系统

这是一种无线自动节电系统，通过感知和分析出入的人数和方位等，调节照明和温度等，从而节约电能。

识别人的动作的传感器

识别人的动作并触发感应指令。

识别人体移动的传感器

感知人的移动方向并传送位置信息。

感知

感知

传送

无线路由器

无线通信

主控装置

分析传感器发来的信息，向电源发送开启或关闭的指令。

智能插座

可根据指令或预设程序自动开关的插座。

二、网络通信

就像没有路，车就失去了意义一样，如果没有网络通信，这些硬件设备也发挥不了作用。物联网技术必须依赖强大的网络通信设施，包括传统的有线网络（如以太网、光纤网络）和无线网络（如蓝牙、Wi-Fi 等）。

随着通信技术的快速发展，网速得到了极大提升，设备之间能以极快的速度交换照片、视频、网页等多种信息。

三、数据处理

物联网技术会产生大量的数据，准确、高效地处理和分析这些数据至关重要。因此我们将这些规模巨大的数据存储在云端数据库 * 中以实现共享，并利用云 * 计算平台来快速地进行数据分析和处理。

* 云端数据库：通过网络连接，存放在云端的数据库。
* 云：可自我维护和管理的虚拟计算机资源。

旺仔的 TV 兴趣分析

★ 看过多次的节目类型　共 300 小时

1. 电视剧 64%
2. 综艺 18%
3. 体育 16%
4. 教育 2%

四、安全保障

物联网中包含大量的数据，其中也包括我们的个人信息。必须做好身份认证、数据加密、访问控制等安全策略，才能防止数据的泄露和来自黑客 * 的网络攻击。

* 黑客：在信息安全中，指代研究并侵入计算机安全系统的人。

WWW

我们身体内的

物联网

我们的身体能
成为密码吗？

还剩最后一次机会。

嗖

呃，好紧张，
深呼吸………

请输入密码
解锁

紧张

输入密码
解锁手机！

请输入密码
解锁

唰

唰 唰

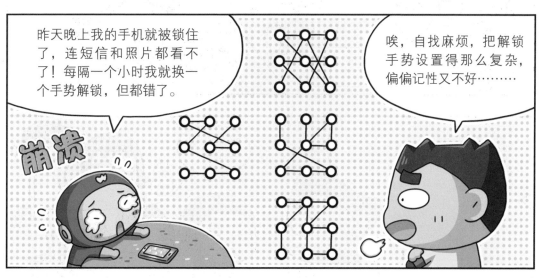

指纹是人的指腹上的皮肤纹路，每个人的都不一样。人的相貌会发生变化，可指纹一辈子都不会变，因此，指纹是我们的身份标识。

就连每个人自己十指的指纹也都完全不同呢！

我们双胞胎的指纹也不同。

惊

发现偷吃我苹果的小偷的指纹了！

数字、文字、图形密码等很容易忘记，而且如果有多个密码的话，也非常难管理。

还有可能因为被别人偷看到密码或被黑客攻击而遭受巨大损失。

这是在说我吗？

嘀嘀

现金支付

嘀

所以生物识别技术正在蓬勃发展，用谁都无法偷走的身体作为密码。

天哪，这是真的吗？

旺仔，你也知道的指纹识别技术就是生物识别技术之一。看，用指纹解锁！

噢噢！

嘀

基于身体特征的生物识别技术

人脸识别

通过对人的五官和脸型轮廓等特征进行数据分析和比对来识别。

信息采集方便，但准确度低，安全性低。

虹膜识别

通过对双眼虹膜的颜色、形态、纹理等进行数据分析和比对来识别。

准确度极高，安全性强，但远距离无法识别。

指纹识别

与机器接触方便，每个人每根手指的指纹纹理均不同，准确度较高。

若指纹磨损或沾上异物就很难识别，且存在被他人复制的风险。

静脉识别

通过红外线照射获得位于手指、手掌或手腕等部位上肉眼看不到的静脉分布图像，进行数据分析和比对来识别。

准确度极高，几乎不可复制。采集设备难以小型化，制造成本高。

哇！我经常在科幻电影中看到这些方式。

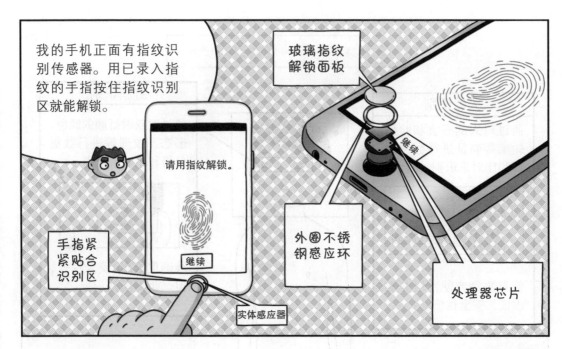

我的手机正面有指纹识别传感器。用已录入指纹的手指按住指纹识别区就能解锁。

玻璃指纹解锁面板

请用指纹解锁。

继续

手指紧紧贴合识别区

外圈不锈钢感应环

继续

实体感应器

处理器芯片

但智能手机在指纹识别的时候偶尔也会失败，比如手指受伤或沾水的时候。

嗯？

为什么识别不了了呢？

另外，当气温过低时，手指的热量可能无法通过传感器传递，指纹扫描仪也可能无法启动。

哇，长知识了。

其实没有百分百完美的生物识别技术。指纹识别虽然很方便，但是也存在被复制的可能性。

而准确度高、无复制可能性的生物识别技术安装费用太高……

经过3年不分昼夜的研究，我终于开发出来了……

旺仔智能手机

给大家介绍一下，这是世界首个用屁味儿认证身份的尖端生物识别智能手机。

噗

解锁！

马上把这些人认出来！

为了保障安全，二次认证的是口腔气味。

呼哈哈

……

晕乎

生物识别技术的优点

生物识别技术是利用传感器或摄像机分析面部、指纹、虹膜、声音、静脉、步伐、心率等来确认身份的尖端安保技术。这些信息每个人都有，每个人的特征都不一样，所以不容易被复制；而且不需要记忆，也不需要另外携带储存装置，十分便捷。

3D人脸识别技术的秘密是什么？

如今人脸识别技术迅速崛起，银行的自动柜员机增加了人脸识别功能，即使你没带银行卡，也可以自由取款。

丁零零

人脸识别通过！

除此之外，有些学校在门禁中安装了人脸识别系统，便于对学生的管理，提高校园安全性。

23级数学系一年级洋洋，认证完毕！

有些超市和餐厅也使用了人脸识别系统，为顾客提供更多的结账模式。

中国的机场和火车站已经开始使用人脸识别检票系统。

人脸识别技术的发展

吧唧 吧唧

啊，真厉害！

哈哈，我觉得未来的公共厕所也应该安装带人脸识别功能的纸巾盒，每人只能取定量的卫生纸，避免浪费！

感觉会不够用呢！

省着点用吧！

在物联网时代，个人信息遭泄露的风险很大。

因此，相比数字密码和图形手势这类需记忆的加密方式，被遗忘和被复制的可能性更小的生物识别技术备受关注。

吧唧 吧唧

指纹识别

静脉识别

人脸识别

虹膜识别

不过，在生物识别技术中，人脸识别技术准确度稍差，听说早期经常识别出错。

吧唧 吧唧

没错，人脸识别不像指纹识别那样需要直接接触，虽然很方便，但是一旦面部发生变化就无法准确识别。

面部发生变化？

人脸识别系统是将摄像头拍下的人脸与系统里储存的数据——比对，从而寻找匹配的人脸。

但是当留胡子、整容、戴眼镜、戴假发、戴帽子等使面部发生变化时，系统可能无法识别出人脸，从而出现错误。

啊？

这是以前从来没有见过的脸啊！

系统中的照片	实际的人脸

还有，是否化妆也会影响人脸识别。

这个人是谁啊？

系统中的照片

素颜

在人脸识别技术比较落后时，用照片也能解锁。

啊！

认证完成。

100%一致

什么?!那岂不是很危险?为什么人脸识别技术还这么火呢?

手机厂家怎么还在纷纷推出具有人脸识别功能的产品呢?

呼呼

那是因为这项技术越来越精准了,现在流行的是 3D 人脸识别技术。

哈哈哈

3D 的意思就是立体的喽?

嗯!早期的人脸识别技术是通过分析以正面为主的平面二维图像来确认身份的。

而 3D 人脸识别技术则是模拟人的双眼,用两个摄像机拍摄面部,制作成 3D 数码图像。

计算机通过多点位立体分析人脸……

60%

分析眼距、眼睛和耳鼻嘴之间的距离等面部数据,与数据库中储存的数据进行比对。

啊哈!人也是通过双眼将进入视野的图像融合,从而形成立体视觉的吧?

啊!

没错,手机的双摄像头就是起到双眼的作用。

咧嘴 直笑

怎么了?为什么突然咧嘴笑?

我们身体内的物联网

其实我家大门昨天就安装了 3D 人脸识别装置哦！嘿嘿！

真的吗？好羡慕，带我去参观一下呗。

绝对不是谁都能进来的！因为 3D 人脸识别技术能准确识别我的脸……

这一路都在炫耀呢。

不停炫耀

噢？

那边好像有个大果子。

嘿！等……等一下！

嘴嘴嘴

啊啊！碰到蜂……蜂窝了！

对……对不起，奉九，呜呜……

呃，烦死了！真是"城门失火，殃及池鱼"啊！

痛~~ 痛~~ 痛~~ 痛~~ 痛

罗奉九家

叮 叮

喂，快点开门！我是主人！

红外人脸识别技术

一般的人脸识别系统采用普通的可见光人脸图像进行识别，但这类系统容易受环境光线变化的影响。而红外人脸识别技术主要是利用人的肉眼不可见的、不受环境光线变化影响的红外线来获得人的独特的面部数据，因此，可以在夜间进行人脸识别，而且准确率非常高。

能用眼睛开门吗？

很高兴见到你，新同事吴东希！我是负责培训的罗奉九组长。

请多多关照！

在入侵的外星人等威胁地球和平的各种邪恶势力面前，我们将承担保卫地球的崇高责任。

啊，外……外星人？

以后在这里的所见所闻，绝对不能对外透露，对家人也不能！

好的，我记住了！

这个房间是连总统都不能进入的管制区域，属于特级保密室。

咦，他的眼睛在干什么？

保卫地球研究所一级成员罗奉九，确认完毕！

啊，门开了！

组长，你是怎么做到的？只瞟了一眼，门就自动打开了！

呼呼！

哇，太厉害了！

门口安装了虹膜识别装置，只有在系统中录入了虹膜信息的人才能打开大门。

什么？虹膜？

虹膜是当光线通过瞳孔时，调节瞳孔大小，从而调节进光量的环状薄膜。

瞳孔

虹膜

没错，人的虹膜是在出生6~18个月后定型的，此后终身不变。每只眼睛的虹膜都是不同的，哪怕是同一个人的左右眼，所以，虹膜认证的安全性非常高。

用专用相机拍摄用户的虹膜，分析其形态、纹理、颜色等，然后和系统内储存的虹膜信息进行比对，从而确认身份。

正在进行虹膜认证

最近上市的手机中，很多都具备指纹、人脸、虹膜识别功能。

虹膜识别设备

虹膜认证完毕！

保密室中还有一个保密室呢。

啊，那个装置是……

虹膜认证。

是不是保管着传说中紧急降落的外星人的尸体？

一级成员罗奉九，确认完毕！

嘿嘿！包子蒸得热乎乎的。

美味包子

热气腾腾

闪亮

登场

啊！原来是蒸包子的蒸笼！

豆沙包真的很好吃，对吧，新同事？

我更喜蔬菜包呢。

可以当钥匙使用的虹膜

指纹识别需要直接接触，可能被他人复制；虹膜识别的距离为 7.5cm~20cm，非直接接触，即使隔着框架眼镜或隐形眼镜，虹膜也能够被红外线摄像机识别，而且每个人的虹膜都不相同，难以复制，安全性非常高。

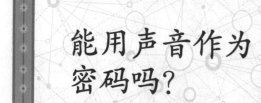

能用声音作为密码吗？

嘿嘿！我终于拥有人脸识别功能的智能手机了！嘻嘻！

解锁成功。

宇宙级美男子罗奉九最棒！

解锁成功。

什……什么？为什么这么离谱的语音也能解锁手机？

你不知道吗？这部手机只要对它说真话就能解锁！

真……真的吗？那我也来试试。

给！你一定要说真心话哦。

彩虹小学人气最高的人是旺仔！

咦，完全打不开啊！

因为说假话，所以无法解锁啊！

那……那我再试一次！

三天前偷吃奉九藏起来的面包和巧克力的人就是我，我！

呀！什么啊？我说的都是真话，没有掺半点假，为什么还是打不开？

果然是你偷吃的！还抵赖说绝对没吃！

小偷！

天哪！我为什么这样？真是的！

顺便问一下，为什么手机只听你的话呢？

呵呵！因为我在设置手机时只录入了我的声音！

即使不触摸屏幕，只要说出设置的话语，手机就会自动解锁。

哼，竟然欺骗单纯的朋友！太过分了！

不要以小人之心度君子之腹……

通过指纹、虹膜、静脉、人脸认证身份的生物识别技术是通过比对人体中的生物信息来实现的。

也有通过人的行为来认证的生物识别技术。

哇，那我们整个身体都是数字密钥啊！

通过行为认证的生物识别技术

声音

笔迹

打字方式和习惯

步伐

哼，我的朋友能用语音马上解锁呢！

嗯？哪来的野兔？

我的手机是安全性升级的最新机型，你在那儿吹什么牛呢？

我说的是实话啊！

用行为识别身份的方法

　　与利用生物特征的生物识别技术相比，以人的行为特征为依据的生物识别信息，如声音、打字习惯、笔迹、步伐等，更为简单且成本较低，使用者不会产生排斥感。但是在测定行为特征时，有时会因人的心理状态和身体变化受到影响而无法准确识别。

有能够穿在身上的电脑吗?

保卫地球研究所

嘬 嘬 嘬,

嘬 嘬 嘬..

咦,这是紧急事件的警报声吗?

组长,发生什么事了?

跑来

一直觊觎地球的外星怪物袭击了苹果城！

啊！它正在摧毁城市！

那得快点出动研究所门口那个巨型机器人啊！

没时间了！

保卫地球研究所

那个动不了啊，是装饰用的模型。

啊！

那……那就让正义的勇士——超级无敌旺仔——出动吧！

可以变大

旺仔拳！

听说旺仔昨天做了痔疮手术，不能出动。

呃……屁股疼！

那就这样眼睁睁看着外星怪物胡作非为吗？

肯定不能啊！来，首次出战，吴东希！

啊？我……我吗？

感谢您这段时间的照顾，再见啦……

等等！

辞呈 吴东希

保卫地球研究所有特制的穿戴式电脑，不用太害怕！

?

穿戴式 （Wearable）
可以穿的

电脑 （Computer）
电脑

嘻嘻

嘻嘻

穿戴式电脑是指可以穿在身上的电脑吗？

像这样吗？

没错，也叫"穿戴式设备"。Device的意思就是机器、装置、设备。

啊哈！就是像眼镜、手表、手环、衣服一样可直接穿戴的智能电子设备啊。

穿戴式智能电子设备

智能眼镜

能拍摄照片和视频；可上网搜索和发送短信等；可通过先进的显示技术提供增强现实＊感，获取更多信息。

智能手表

具有接打电话和收发短信功能、实时定位功能、拍照和摄像功能、健康管理功能、移动支付功能。

智能腕带

具有计步器功能，可以监测血压、血糖、心率等身体数据，还能分析睡眠质量。

智能项链

具有实时定位功能和血压、血糖监测功能，可通过手机 App 掌握身体的健康状态。

智能鞋

具有导航功能，还能通过分析每天行走的步数、距离等计算出消耗的热量。

智能服装

姿势错误时，通过震动提示矫正姿势；实时监测身体数据；使用者还可以通过手机 App 调节服装温度，维持身体舒适感。

＊增强现实：是一种将虚拟信息与真实世界巧妙融合的技术，从而实现对真实世界的"增强"。

穿戴式智能设备可以解放我们的双手，使用很方便。

比如智能手表，有了它，我们即使不拿出手机也可以接打电话、收发邮件、拍照、播放音乐等。

而且穿戴式智能设备一般都是贴身使用的，因此可以轻松收集和分析使用者的身体状况，从而得出健康报告。

在衣裤、鞋袜、眼镜、绷带等服饰上安装的传感器可以采集我们身体的数据。

通过这些数据可以推测我们当前的健康状态以及以后患何种疾病的风险。

体脂增加，血压和血糖数值持续升高，危险！危险！

体重又增加了1千克。

我觉得这套智能服装很神奇，衣服是怎么变成电脑的？

智能服装的高性能纤维中含有数码传感器、微型电脑芯片、通信设备等，能感知外部刺激并做出反应。

啊！

运动服上装有用特殊纤维材料制成的生物监测绷带，可以用传感器收集生物数据，并直接传送至手机。

测量心率、移动距离、呼吸频率、压力指数、热量消耗量。

生物监测绷带

这种高尔夫球服在主要关节部位贴有传感器，如果打球时动作不对，动力装置就会震动提醒。

嘀

这种发热夹克可以通过手机 App 选择自己想要的温度，随时调整。

暖乎乎

暖乎乎

这种西服的口袋里装有 NFC 芯片，把手机放到口袋里，就能获取最新信息。

智能口袋

开会时，将手机放入智能口袋里，手机就会自动切换成静音或拒绝接听电话的模式。

嘀

我们身体内的物联网

这种T恤用电子纤维制成，可以自由变换颜色和图案。

变身

除此之外，还有具备太阳能充电装置的智能服装，能在紧急情况下给智能手机充电。

哎哟，现在不是闲聊智能服装的时候！

快给我特制的穿戴式电脑！

当当！这是一款由纳米材料制成的穿戴式电脑，连射来的子弹都会被反弹呢！

总部电脑会分析这套战斗服传感器收集的外星怪物的信息，然后立即传送给你！

看

呃，好脏啊！

提醒你一下，这套战斗服的制作费中有一半是由来一碗面馆的老板赞助的。

就是研究所门口的那家面馆吗？

我们身体内的物联网

穿戴在身上的智能设备

有些衣服、鞋子、饰品等可穿戴设备上装有读取身体各部位信息的传感器。这些传感器能测定温度、压力、步数、速度、湿度等多种身体信息。还有类似绷带或胶布等的非常薄的传感器，将其贴在皮肤上，可以 24 小时监测血压、脉搏、血糖、心率等信息，并传送给监护人，从而对患者进行远程管理。

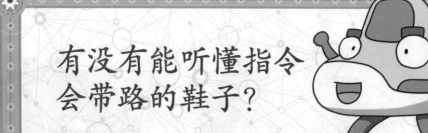

有没有能听懂指令会带路的鞋子?

哇哈哈哈哈! 经过7年的研究, 我们终于开发出了世界上第一双智能鞋!

旺仔物联网研究所

快看, 漂亮吧? 这双鞋有导航功能, 只要穿上它, 就再也不会迷路了!

真是的! 智能鞋都出来多久了, 还说是世界第一双?

什……什么? 你说已经出来了?

挠挠

不……不会吧? 是不是研究所混入了商业间谍, 把我的设计图给偷走了?

闯进博士研究所的不是只有蟑螂吗?

因为从来都不打扫!

早在 2013 年就曾报道过一种"会说话的鞋子"。

扬声器

喂，我无聊得很，要不要开心地跑一跑？

它们通过蓝牙技术与智能手机连接。

鞋里的速度传感器和压力传感器能感知使用者的动作。

计算身体状态、运动量、热量消耗量后，通过手机 App 传送给我。

印度一家公司研发了一种名为 Lechal 的智能导航鞋。

嘀

用户穿上鞋子后，在手机 App 中输入目的地，鞋子就能通过左右震动来引路。

这对盲人和不擅长认路的人十分有用。

我们身体内的物联网　87

"Lechal" 在印度语中是"请把我送到那里"的意思。

有趣吧？

和我的智能鞋的功能一模一样呢！

还有一种可以通过手机 App 自由"换装"的智能运动鞋，鞋子表面装有一块柔软的彩色墨水屏，穿鞋的人可以随心所欲地更换自己喜欢的图案。

啊啊啊！

啪

这种智能鞋不仅美观、能导航、能计步，还有加热功能，冬天太有用了！

通过手机 App 打开发热功能。

不仅如此，研发者还为懒得系鞋带的人推出了具有自动系鞋带功能的鞋子。

嘟

自动

呼呼，幸好我的智能鞋最核心的技术他们一个都没有。

奉九，你是不是有脚臭？

是的，因为我的脚很容易出汗……

挠头

那太好了，你试穿这鞋子 10 分钟看看！

啪

鞋子也智能

智能导航鞋内安装电脑芯片和传感器，通过蓝牙连接手机 App，手机会向鞋子传送位置信息，鞋子再以震动的方式，依照手机制订的路线来为用户指引方向。专门为盲人研制的智能导盲鞋，在鞋头装有超声波传感器，可探测到 4 米内的障碍物。此外，专门给儿童准备的带有定位功能的智能鞋还能防止儿童走丢呢！

如何用智能手机支付乘车费呢？

呃……又热又渴。咦，哪来的怪味？

谁扔了穿了10天的臭袜子？

孩子们，再见！

啊，是漫画家叔叔身上的味道！

嘿嘿！我画漫画的时候，没画完绝对不会洗澡，那样故事才会完整呀！

啊！头皮屑像冰雹一样掉下来！

呜呜！嘴里还有一股下水道的味道！

这么邋遢，一定没什么朋友吧？

呃啊啊啊！看那些粪蝇！

吵死了，你们懂不懂创作这种刻骨铭心的痛苦？

呼——终于能喘口气了，真讨厌！呃……

顺便问一下，泉水在哪儿啊？

喘气

左顾右盼

噢，原来在这里啊！

天下第一泉

旺仔，等一下！

先看看这里的泉水水质＊怎么样。

喝了不干净的水会闹肚子的！

你在这儿怎么能知道水质怎么样呢？

这个嘛……要不要问问这里的村民？

东张西望

哈哈！我马上帮你查查。

天下第一泉

咦，为什么把手机靠向标牌呢？

App 上显示这里的泉水水质非常好，可以放心饮用。

泉水安心服务

天下第一泉

优

啪

啊啊啊！水质情况马上就出来了呢！

＊水质：水体质量的简称，包括清洁程度、矿物质含量、微生物含量等指标。

哇！这水真甜啊！

咕嘟 咕嘟

哈哈！你们看起来很渴啊。

你只是拿手机靠近了标牌，手机上怎么马上就显示出泉水的信息了呢？

哈哈！

好神奇！

这得益于多种无线数据近距离交换的 NFC 通信技术。

先按提示下载 * 安装相关的 App，然后打开手机的 NFC 功能。

蓝牙　NFC　移动流量

泉水安心服务

泉水安心服务

请靠近标签

* 下载：从互联网或其他计算机上获取信息并装入到某台计算机或其他电子装置上。

然后把智能手机贴近泉水标牌上的 NFC 标签。

嘀

当前的水质状况、水质抽查时间、矿物质含量等最新信息就全部显示出来了。

哇，好神奇的功能！

如果手机具有 NFC 功能，可以用手机绑定公交卡，乘车时用手机靠近刷卡机就可以支付车费。

嘀

另外，如果手机绑定了银行卡，即使不拿出银行卡，也能直接用手机付款。

菜单

嘀

如果绑定了身份证，就可以使用电子身份证了。

嘀

姓名：旺仔
出生年月日：秘密
故乡：乌拉拉行星
现住地址：
奉九（家）

身份已确认。

在博物馆参观时，只要将智能手机靠近展品说明牌的 NFC 标签，就可以显示展品介绍和照片等信息。

嘀

嘿嘿，只要轻轻一靠就能接收相关信息，这功能真是太方便了！

旺仔，那边有好多运动器材！

这个是怎么操作的呢？

看这里，把智能手机靠近运动器材上的这个 NFC 标签。

手机上就会显示运动器材的正确使用方法。

哇，NFC 技术无所不能！

一、二、三……

运动后又口渴了。

我也是！

我也是！

咕噜 咕噜

噗！呸呸呸！

呜呜！这水的味道怎么这样？

哕 哕

我们就去运动了一会儿，水的味道怎么就变成了这样？

嘀

这味道真是太可怕了！

啊啊啊！怎么会这样？

泉水安心服务

天下第一泉

危 险

饮用此泉水会危及生命，请勿饮用此泉水。

到底是为什么呢？

泉水和上面的溪水是相连的？

哗 哗 哗

关于 NFC、蓝牙和RFID

RFID 是射频识别（又称电子标签）的英文缩写，是一种非接触的自动识别技术。NFC、蓝牙和RFID 三者有相似之处，但是它们的传输距离、速度不同，使用场合也不同。NFC 和蓝牙都是短距离传输，RFID 则适合用于几米甚至几十米的长距离识别，比如高速公路的 ETC 出入口和停车场出入口的车辆识别等。

Wi-Fi 是什么？

嘁，嘁

哇，那颗蓝色星球就是我在网上见过的地球啊！

实物比照片更美呢！

嘿嘿！多多终于抵达地球了！

把飞碟藏在这儿。

啦啦啦！♪

突然

呜呜！那……那是什么？

啊，啊！外……外星人！

你这家伙是来征服地球的吗?

瑟瑟发抖

我是来吃地球美食的。

听说你们这儿的食物非常好吃!

哐当

哇呜!真的在嘴里慢慢溶化了,太好吃了!吧唧吧唧!

流泪

喂,得细嚼慢咽啊!

如果他尝到了中华美食,岂不是会满足到晕倒?

美味小吃

哎呀!

突然

出……出大事了!爸爸布置的作业还没做就跑来了。

回家之后再做不就行了吗?

美味小吃

我们身体内的物联网　97

不行！如果没在规定的时间内写完作业的话，我爸爸会发很大的火！

作业规定什么时候做完？

要在地球时间下午2点之前做完爸爸出的10道题，然后用邮件发送过去，呜呜！啊！

啊！只剩20分钟了！

这里距离我的飞碟大约还有一个小时的路程……本来如果有电脑的话，在这里发送邮件就可以。

我有笔记本电脑，刚修好的，才取回来呢。

还充好了电呢。

哇！太棒了！

啊，终于到了最后一道题！"驾驶飞船绕地球一圈需要花48小时的话……需要几天呢？"呃……这个……

绕地球一圈要48小时？

作业做完了！现在用邮件发送到我飞碟的电脑上，就能传送给我爸爸。

10分钟就答完了10道题，真厉害！

但是这里没有网线。

发不了邮件。

呜呜！那我要被爸爸狠狠地骂一顿了！

这附近有没有可以连接 Wi-Fi 的地方？

左顾右盼

惊慌

作业完成

Wi-Fi？是和巧克力派一样的东西吗？用那个怎么连接网络？

不是吃的，是一种近距离无线通信技术，即使没有网线*，也能够连接超高速网络。

* 网线：连接网络设备使网络畅通的连接线。

通过局域网网线连接超高速网络的无线路由器*将网络信号转换成无线电波。

这样发出的无线电波，在室内外几十米甚至几百米信号覆盖范围内，都能够保证笔记本电脑、平板电脑、智能手机等带有 Wi-Fi 功能的电子设备进行无线通信。

互联网

光猫*

无线路由器

网线

哇！

* 无线路由器：带有无线覆盖功能的路由器，用于用户无线上网。
* 光猫：为光调制解调器的俗称。

我们身体内的物联网

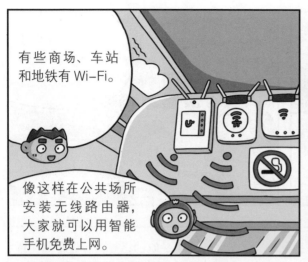

有些商场、车站和地铁有 Wi-Fi。

像这样在公共场所安装无线路由器，大家就可以用智能手机免费上网。

哈，这家餐厅有 Wi-Fi！

五福餐厅

尽情地享受无线网络吧！

我们进去吧。

那个柱子上挂着路由器呢。

快点打开笔记本电脑。

嗯！

您要点什么？

烤肉
炸猪排
冷面

我们不点菜，因为我们需要连 Wi-Fi，所以就进来了。

请给我一杯水。

本来生意就不好，烦死了！

啪啪

赶紧走开！

盐

啊，这老板好小气啊！

嘿嘿，但是邮件发送成功了！呼，真是万幸！

你是有多害怕你爸爸？

看来非常害怕呢。

一个月前，我作业都没做，就跑去另一个星球玩了。

那天晚上爸爸发了很大的火，直接把那颗星球打碎了。真是的！

一周后

哎呀！我又忘了做作业就跑出来玩了。

快回去吧！回去吧！

啊！

手机Wi-Fi热点

手机Wi-Fi热点是将手机接收到的GPRS、3G、4G或5G信号转化为Wi-Fi信号发送出去的技术。让手机、平板电脑和笔记本电脑等随身携带的设备可以随时分享网络，这样一来，我们在没有安装无线路由器的地方也能用这些设备上网了。

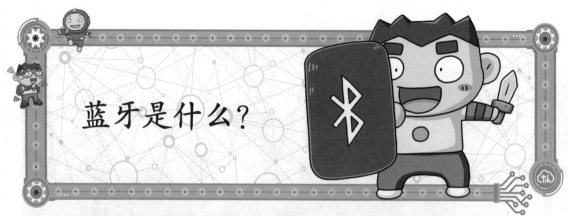

蓝牙是什么？

嗯 嗯

咦，这是什么声音？

谁知道呢？

嘴 嘴

朋友们，我又来玩了！

啊！那个外星人又来了！

等等！你是做完作业才来的吧？

不会又忘记做作业就来了吧？

着陆

别担心，我花了一个多小时把作业全部做完才来的。

真……真的吗？可别再惹你爸爸生气，害地球遭殃。

放心吧，我现在可乖了。嘿嘿！

我可以相信你吗？

哇啊啊!

这个紫菜包饭好好吃!
好感动!

你尝过的每样
食物都是好好
吃的吗?

我们边听歌边吃紫菜包
饭吧。我下载了新歌。

但是声音有点小,
听不太清楚啊。

我就知道会这样,所
以带了便携式音箱。

甜甜的糖果,♪
爱的糖果!♬
啦啦啦啦!♪

咚
嗒
咚
嗒

啊?

这首新歌
真好听!

音箱和手机之间都没连
线,怎么就能播放手机
里面的音乐呢?

这是因为有蓝牙功能，所以智能手机和音箱之间可以实现无线交换数据。

蓝牙？

这是一种在短距离内运用的无线连接技术。

可以实现手机、电脑等电子设备之间的近距离无线连接，也可以让这些设备无线上网。

要想使用蓝牙功能，手机和要连接的设备都必须具有蓝牙功能才行。

蓝牙标志

在手机设置里打开蓝牙功能，就可以搜索到周围已打开的蓝牙设备。

蓝牙　　打开

附近的蓝牙设备上可以搜索到我的设备

已保存设备

ABCD-PC（电脑）
已连接

CBC-21C（音箱）
已连接

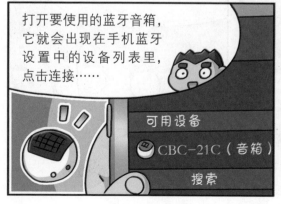

打开要使用的蓝牙音箱，它就会出现在手机蓝牙设置中的设备列表里，点击连接……

可用设备

CBC-21C（音箱）

搜索

这样你就可以把智能手机中的音乐文件传给蓝牙音箱。

哦哦！

甜甜的糖果，♪爱的糖果！♬

如果使用蓝牙，两台或更多的设备之间就可以实现数据的无线传输。

电脑和手机中储存的照片和资料等也可以自由交换。

信息共享

戴上蓝牙耳机，不用耳机线连接口袋里的手机就能听音乐啦。

好神奇啊！

现在的穿戴式电子设备大多数都利用蓝牙与智能手机连接，方便使用。

叮咚

6月15日，体重53千克，步行距离2千米。

智能鞋获取我的运动信息和身体信息后，通过蓝牙发送到手机App上。

哦哦！如果没有蓝牙的话，就得用有线耳机，这样真不方便！

……

缠

绕

那这项技术为什么叫作"蓝牙"呢？

?

"蓝牙"就是"蓝色的牙齿"的意思。这个名字来源于 10 世纪的一个丹麦国王，他因爱吃蓝莓而获得了"蓝牙王"的称号。他统一了北欧地区。

Blue Tooth
blue（蓝色） tooth（牙齿）

我们班小南的牙齿很黄，他肯定不爱刷牙！

嘿嘿嘿！今天又没刷牙！

啊！

如今，以这位国王的称号命名的无线通信技术——蓝牙——统一了全球无线通信的标准。

有蓝牙标志的话，代表支持蓝牙功能。

点点头

啊哈！

嘿嘿！我以为地球人只有好吃的东西，原来还有很多神奇的技术啊。

一定要写完作业再玩哦。

嗯！我约了朋友们明天去月球玩，再见！

嗖嗖

月球？

方便近距离无线连接的蓝牙技术

蓝牙的连接范围一般在10米左右，方便一些便携设备之间进行无线连接。比如手机、数码相机、笔记本电脑、耳机等电子设备可以通过蓝牙相互连接，交换信息。支持蓝牙的数码相机即使不用数据线连接，也可以将照片传到笔记本电脑和智能手机上。

我们身体内的物联网

物联网打造的智能购物方式

物联网可以彻底改变我们的购物方式。顾客进入智能商场后，智能系统可以通过摄像头确认顾客的信息和位置，通过手机 App 帮助顾客搜索商品、结算，向顾客介绍活动内容等。

👉 应用 IoT 的智能商场

摄像头
在顾客进入商场时，确认已注册的顾客信息和顾客的历史购买信息。

数码广告牌
显示屏会根据历史订单显示顾客感兴趣的商品和活动商品等。

鲜牛奶　新鲜

饼干　麦片

智能标签
标签上显示商品名称、价格、保质期等，并会及时更新。

30.00　25.00

通过 App 向顾客推送商品信息、活动介绍等。

50.00　40

智能手推车
与顾客的手机 App 相连后能引导顾客到其搜索的商品的位置，还能自动行进。

货架上的重量传感器会感知并提示商品剩余数量。

👉 无人超市

　　无人超市又称无营业员超市，超市内装有大量摄像头和传感器。顾客在超市入口处扫描二维码＊就可以进入。顾客在选定商品的同时，就可以通过手机扫描商品条形码将其加入 App 购物车，最后在 App 中结账就能直接离开了，省去了排队结账的麻烦。

＊二维码：比传统条形码包含更多信息的方形条形码。

👉 智能手机和电子货架标签（ESL）打造的新型购物方式

　　物联网技术将创造购物新方式。人们只需简单的触摸动作，就能完成所有的购买流程。消费者不需要购物车或购物篮，在选择自己想要的产品后，只要将智能手机靠近货架上的电子货架标签（ESL），手机 App 中的购物车就会自动添加商品，同时也会显示价格。这种可以立即确认商品最新信息的 ESL 和智能手机结合的方式，免去了顾客一件件拿取商品的烦琐，而且顾客可以等商品送到家后，再在 App 中确认并结算。这种新型的购物方式真是太方便了。

WWW

数码世界
与物联网的
未来

智能房子是什么样的房子呢？

呼噜……

噗哈……噗哈……

主人睡得很香，看来昨天很累啊。

呼噜……噗哈……

轮子转动

我刚接到主人公司的通知，说原定于今天早上的会议推迟 30 分钟。

主人的车也快没油了。

另外，由于今天的大型活动，会场周边的路可能会堵车。

实时接收到的这些信息，也可以传送到应用物联网技术的智能闹钟上。

呼噜、呼噜、呼噜……

会议推迟30分钟

在加油站加油

预计交通拥堵

这些信息会立即推送给闹钟。

A.M. 06:00

闹钟再计算出准确的起床时间，确保到达公司不迟到后……

A.M. 06:00

计算完毕！

在起床时间响铃叫醒主人。

喂，你这家伙！打算睡到什么时候？睡觉能当饭吃吗？

轰隆隆

A.M. 06:00

呜呜！

吓一跳

这个闹铃用的是奶奶的声音，真烦人！

奶奶送的礼物

使劲

06:25

早上好。

今日凌晨2点左右，本市上空出现了UFO………

新闻

UFO出现

哎呀！昨天晚上发生了大事啊！

起床时间播放平时爱看的频道的新闻节目。

目击UFO的孩子们

5月14日星期一

上午6:27

天气 16℃

今日日程

上午9:30
与出版社编辑开会

下午3:00
图书签售会

另外，画面一侧还显示今天的天气和日程。

帮我搭配一下下午漫画家签售会时穿的衣服。

好的，这是今天活动的推荐穿搭。

闪亮

智能电视成了电脑屏幕，帮您挑选今天要穿的衣服。

我刚刚在自言自语什么？

早餐吃什么呢？

请稍等。

根据冰箱里储存的食物，推荐今天的早餐为牛奶麦片、半个西红柿和一个煎鸡蛋。

罗奉九减肥第7天

早餐

牛奶

早餐菜单

煎鸡蛋

智能冰箱根据冰箱里的食材推荐菜单，合理管理食材。

啊，牛奶只剩50毫升了。

牛奶

我马上在网上超市订购牛奶，主人喜欢的乌拉拉牛奶1000毫升2瓶已订购完毕！

网上超市

牛奶

数量：2

数码世界与物联网的未来

食物不足时，智能冰箱会立即通过网络向超市订购。

这世界令人震惊吧?

主人吃饭时，智能音箱会播放主人平时喜欢的音乐。

溪边有一只小蝌蚪，♪慢吞吞地游啊游。♪

吧唧吧唧

不愧是名曲。

今天会议的主题是即将出版的《儿童百问百答 物联网科学》一书的封面图片内容。

出版社

编辑部

怎么样? 我认为增加些反面角色会更有意思。

儿童百问百答

物联网科学

老板! 是罗奉九家的紧急视频电话邀请。

什么?

看来是有急事，马上连接显示器。

啊……啊! 不好意思!

奉九，你今天又没刷牙就去公司了吗?

哎呀! 妈妈……

说实话。

哎哟，妈妈，真是的! 我当然是洗漱完才来上班的。

通过物联网技术变智能的房子

通过物联网技术，可以将家中的音箱、电灯、空调、摄像头等各种网络家电和设备连接到一起，实现远程控制和自动化。如此一来，我们就能随时开关设备，从而节省各种能源。这就是让人们的生活变得更加便利、安全、环保、健康的智能家居。

随时随地都能使用自己的电脑？

最新的 7 首儿歌跟唱视频出来了。

哦，真的吗？那得赶紧去下载呀。

甜甜的糖果，♪ 爱的糖果！♫

把高清视频保存到"我的歌曲"文件夹里。

嘀

啊啊啊！电脑硬盘空间满了，储存不下了吗？

我的电脑

磁盘空间不足

硬盘驱动器

☆ 收藏夹

下载

电脑

本地磁盘 C

本地磁盘 D

本地磁盘（C：）

共 256GB/ 可使用 0.1GB

可咚 可咚

本地磁盘（D：）

共 282GB/ 可使用 0GB

嘀嘀

教学课件、动画片和儿歌跟唱视频存了好几部呢。

怎么办呢？这些资料删掉的话太可惜了……

买个移动硬盘来保存吧。

咦，那是什么？

移动硬盘主要是由外壳、电路板和硬盘三部分组成的，是一种外置便携的数据存储装置。

传说中的熊猫少年

移动硬盘

移动硬盘通常只有巴掌大小，可以储存大量数据。通过数据线与电脑相连，可以随时插上或者拔下。

它具有体积小、容量大的特点，很适合随身携带。

哈哈！新出的儿歌跟唱视频全都存下来了！

明天带去学校给同学们看。

天哪！这是怎么回事？

数码世界与物联网的未来

啊，移动硬盘坏了！

什么？这个也出故障了吗？

无法访问此位置

无法读取 F 盘：硬盘已损坏。

确认

专业电脑维修

电脑维修

修复费是200元。

要修吗？

呃！

震惊

噗

为了买移动硬盘，把我的零花钱都花光了。呜呜……

没办法，冰激凌也不能吃了，先攒维修费吧。

电脑维修

不幸中的万幸是我的文件只转过去了一点点。

要是全转移过去了，那就麻烦大了！

但是电脑也不是绝对保险的，因为电脑也随时可能出故障。

震惊

震惊

我的视频

喂！你这乌鸦嘴！

啊啊！这些都是我省吃俭用存钱买的！这些动画片和音乐都是我的珍藏！

电脑硬盘也坏了……

啊，你们这些人！储存在云端不就行了？

云端？那又是什么东西？

cloud 不就是"云"的英文单词吗？

CLOUD

挺厉害嘛，罗奉九！没错，"云"就是我们看不见、够不着的网络服务器上的存储空间，但我们只要连接互联网，就能随时随地访问这个"远在天边的数据仓库"，就像把手伸进云里拿东西一样。

CLOUD
将信息储存在数据中心，需要时随时可以取用。

居然被一只狗认可了，心情有点复杂……

这就是云存储技术，用户将资料和程序等文件储存在云服务公司的数据中心，需要时再通过网络访问云端读取或下载，十分方便。

笔记本电脑　　平板电脑　智能手机　　台式电脑

那就没必要把资料储存在自己的电脑或手机里了。

我把我的资料都存到云端了，然后把电脑里的资料都删除了，硬盘空间变大了很多！

就算电脑坏了也不用担心，你的资料都储存在云端呢！

真棒

咦，这是怎么回事？

又怎么了？

连接不了云端，本来想看一部动画片的……

有点奇怪啊？

无法访问地址

云电脑

云电脑，顾名思义就是云端的虚拟电脑，其实是一种全新的 IT 服务，也称为云电脑服务。有了它，我们就不需要传统的电脑主机，只要有网络，就可以将键盘、鼠标、显示设备与云电脑连接，访问硬盘中的数据，打开各种软件，操作起来和传统的个人电脑没有区别，非常方便。

有能感受人的情绪的机器人吗？

哎呀！好想尿尿，厕所到底在哪里？

左顾

右盼

再这样下去要拉在裤子上了……虽然这样不好，但是……我实在憋不住了！

嘘嘘

尿尿中

呼，又活过来了！

猛然

！

啊！这不是梦，是真的尿尿了！为什么会这样？

呃啊啊！谁让你昨天晚上一直咕嘟咕嘟喝可乐！

湿漉漉

*社交：社会交往的简称，指社会上人与人的交际往来。

不要和朋友吵架，朋友是我们生命中的珍贵礼物。

嘀

比起跳舞、握手、拿东西等功能，更令人惊讶的是Pepo能感知人的情绪。

Pepo通过安装在头上的摄像头和麦克风，以及体内的各种传感器等来识别人的表情、声音、行为，从而分析出人的喜悦、悲伤等情绪。

现在心情好点了吗?

嘀

根据你的建议，我喝了热可可，感觉好多了。谢谢你，Pepo。

听说这种能感受人的情绪，并且像人一样行动的人工智能机器人所需的技术非常复杂，需要配备高配置*的电脑才行。

Pepo小小的身体怎么容纳得下呢?

我121厘米，28千克呢!

嘀

pepo

* 高配置：硬件性能比较优秀。

没错，机器人识别外部环境和情况后，如果想要像人一样对话并表达情绪的话……

需要进行复杂的数学运算和大量信息处理等计算机作业。

主人，你今天看起来心情很好。

如果添加很多功能，Pepo 的体积应该会很大吧?

迁迁

哈哈哈! Pepo 是云机器人，所以体积不会很大。

"云"是将信息储存在网络服务器上，可以随时通过网络连接获取资料的虚拟储存空间。

CLOUD

嗯，云机器人与其他机器人不同，可以远程储存和处理识别到的信息。

CLOUD

上传信息

接收命令

云容量越大，就能储存越多信息，设备能通过云接受各种命令并执行。

Pepo 与人对话并表达情绪的过程如下。

娜娜看见我了,却装作不认识!

呜呜

安装在 Pepo 身上的传感器可以识别人和物体的形状、声音、动作等并获得数据。

Pepo 通过网络连接将获得的数据发送到云端,人工智能超级计算机在云端待命。

CLOUD

超级计算机

人工智能超级计算机通过搜索引擎、机器学习*、深度学习*对 Pepo 传送的资料进行分析。

嘀 嘀

环境识别

信息处理

知识检索

感性认知

对话处理

超级计算机决定 Pepo 下一步行动后,向 Pepo 发送信息。

*机器学习:又称为机械学习,指计算机自行学习由人整理的资料并解决问题。
*深度学习:计算机自动收集资料并进行分类、学习,比机器学习更接近人工智能。

接收超级计算机发送的指令后执行。

嘀

鼓起勇气先和娜娜搭搭话吧。

啊哈！这种需处理大量数据的过程并不是都在机器人的身体里进行的……

拍手

没错，因为用云服务器接收，所以体积比 Pepo 小很多的机器人也可以具备多种功能，比如与人对话或表达情绪。

闪亮

还会有机会的。

天哪！这个小机器人跟苹果差不多大小。

能够理解人的感情并进行交流的迷你机器人。

还有一个小秘密：Pepo 上传的所有信息都汇集在云端……

CLOUD

Pepo 和它的机器人同伴可以分享彼此的信息。

哇哦！真厉害啊！

等一下！Pepo 上传的所有信息都通过云端共享……

云机器人的动作原理

目前机器人的硬件和软件都在飞速发展，它们能执行越来越复杂的指令。云机器人在互联网云环境下远程接收行动指令，没有必要将执行复杂功能的大量数据储存在机身上。因此，即使机器人体积小，也能迅速、准确地处理大量数据。

数码世界与物联网的未来

能利用物联网养花吗？

我收到了一件礼物。据说是非常珍稀的植物种子，赶紧种到花盆里吧。

种子

你都不会种，为什么要收下这礼物？

呵呵！别担心，这个物联网设备可以随时告诉我周围的环境和植物的状态。

哦？这个怎么用？

把它插在花盆或地里，它会收集土壤湿度、光照量等信息，分析出浇水和施肥时间等，并立即通过蓝牙传送到手机 App。

叮咚

水分不足

插在土壤里

除此之外，根据天气预报等信息，机器中的传感器还可以启动喷水装置实现自动浇灌。

哗哗哗

太厉害了！

嘿嘿，希望它快快长大，开出漂亮的花朵。

全看你的了。

物联网与农业

目前已有企业开发出了通过传感器自动给植物提供水和肥料的系统。在农作物扎根的土地深处放置传感器，采集温度、湿度、泥土状态等数据，并将数据传送到灌溉设备上，从而实现自动浇水和施肥。灌溉设备和泥土传感器相互通信，根据泥土条件合理使用水和肥料。

哈哈！秘诀就是这个网络胶囊，也叫 IoT 胶囊。

物联网技术还能养牛吗？

把长 10 厘米、宽 2 厘米的 IoT 胶囊放在牛的第一个胃里，可以 24 小时感知牛的身体变化。

IoT

IoT 胶囊

牛有 4 个胃

牛经常积食，导致体温下降；若患上口蹄疫，体温则会急剧上升。牛也像人一样，可以通过体温的变化判断是否健康。

IoT 胶囊的传感器能感知奶牛胃里的温度变化，向智能手机 App 实时传送信息。

嘀嘀

牛嘴和牛蹄周围会起水泡。

所以，牛的体温变化我们可以一目了然。

在使用物联网技术之前，我们每年都有五六头奶牛死亡。

宝贝啊！

哎哟！

也有很多次是奶牛死后才知道原因的。

哦哦！那现在在奶牛生病之前就可以预防了呢。

数码世界与物联网的未来

奶牛胃里的胶囊传感器将奶牛的身体变化等信息传送到智能终端上，因此，我们可以实时掌握奶牛的健康状况。

哇，每头奶牛的健康状况真的都显示出来了！

养殖奶牛随时都会发生紧急状况。不过现在不用担心了，就连奶牛产奶前，胶囊都会设置闹钟通过手机 App 进行提醒。

立马就能应对了呢。

嘀嘀

哎呀！又有紧急情况吗？

65号奶牛

啊！65号奶牛体温急剧下降！

嗒嗒嗒

快去看看！

轰

哞

咕噜咕噜

我的奶牛！这是怎么回事？

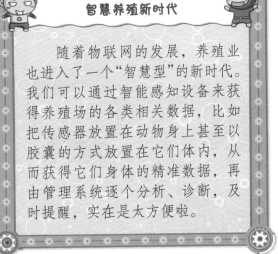

智慧养殖新时代

随着物联网的发展，养殖业也进入了一个"智慧型"的新时代。我们可以通过智能感知设备来获得养殖场的各类相关数据，比如把传感器放置在动物身上甚至以胶囊的方式放置在它们体内，从而获得它们身体的精准数据，再由管理系统逐个分析、诊断，及时提醒，实在是太方便啦。

数码世界与物联网的未来

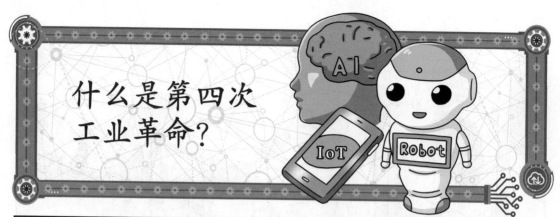

什么是第四次工业革命？

哈哈哈哈！从今天开始我就是中学生了，终于摆脱儿童身份了！

嘿嘿

中学生旺仔哥哥，我有一个问题。

呵呵，是可爱的小学一年级小朋友啊！

什么都可以问，嘿嘿！

哥哥，我昨晚在新闻上看到……什么是第四次工业革命啊？

第四……四次工业革命？

一激灵

呃……应该是第四次的工业革命吧？哈哈……

你看，问了也白问，这种回答算什么啊？

初中生就这种水平？真是太令人失望了！

晕倒

呃啊！

等一下！给我5分钟！
别跑，等一下！

5分钟后情况会有什么不同吗？

白费心机！

中学入学第一天就这么丢脸！赶紧恶补一下知识吧，比如看看《儿童百问百答》！

第四次工业革命

儿童百问百答 物联网科学

孩子们，现在让我来告诉你们关于工业革命的一切！

抓痒

看来是去恶补了一番。

工业革命早在18世纪60年代就在全世界范围开展了，这其实是一场生产与科技的变革。起因是手工生产的产量太低，供不应求，所以必须从技术上进行改革。这是一个多次而漫长的过程。

第一次工业革命始于18世纪中叶，由英国发起，以蒸汽机的广泛使用为标志。城市的工厂、铁路上的机车、海上的轮船等都因蒸汽机的发明而大大提高了生产效率。

第二次工业革命始于19世纪下半叶，电气被广泛应用于家庭和工厂等。这时工厂出现了传动带 * 系统，生产效率进一步提高。

* 传动带：也称为输送带，方便输送大量物资。

第三次工业革命始于二十世纪四五十年代，人类进入科技时代，计算机的普及标志着信息社会*的到来。

网络

另外，随着网络的发展，人们意识到看不见、摸不着的信息和知识逐渐成为核心竞争力。

在数字化革命时期，工厂实现了自动化生产。

*信息社会：信息资源和信息服务大力发展的新型社会形态。

还有迎面而来的新产业革命之风！

第四次工业革命将人工智能技术、物联网技术、大数据等通信技术高度结合，给我们的生活带来巨大的变化。

AI

第四次工业革命的特点是人与人、人与物的连接更紧密，一切都能相互连接。人类进入一个"超链接社会"。

CLOUD

而且周围所有事物都可以具备收集信息、互相交流的能力。

轰

嘀

3D 打印

滔滔不绝

人工智能、信息通信技术与纳米技术*、3D 打印*、无人驾驶等创新技术以及机器人工程相结合，科技将出现更广阔、更迅速的发展！

*纳米技术：在纳米尺度（0.1—100 纳米）上，能够操纵单个儿原子或分子进行加工制作的技术。

*3D 打印：运用粉末状可黏合材料，通过逐层打印的方式来构造物体的技术。

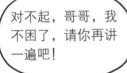

大数据和物联网的关系是什么？

在物联网世界里，一切事物都是通过互联网连接的。

智能化的事物可以相互"对话"。

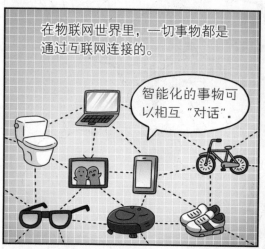

人们的生活习惯等信息通过传感器被收集到一起，这些信息在物与物之间通过网络共享和传播。

这些被收集的信息形成的巨量资料就是所谓的大数据（Big Data）。

大数据可以分析和预测各产品用户的使用习惯和类型。

这是对过去 3 个月里你最喜欢看的节目进行分析的结果。

喜欢的节目

1 料理王　2 早上好　3 悬疑剧场　4 闪电侠

总播放次数 35 次

本周推荐节目

课夜食堂　小兔兔　天黑黑

智能眼镜把使用者看到的风景和人物拍摄成照片、视频等，这些都可成为大数据被存储。

穿戴式设备一般都能与智能手机连接。

通过获得使用者的身体数据，并与大数据比对分析，从而预测使用者患病的可能性。

智能手环

智能手机

智能手表

智能鞋

播放音乐。

行驶中的智能汽车可通过语音操控。

显示屏或具有显示功能的前挡风玻璃上会显示行驶速度和导航信息。

车内有各种智能设备。比如通过分析驾驶员喜欢的音乐和广播节目，自动选择曲目或电台的音箱；通过分析驾驶员的情绪和眨眼动作判断其是否疲劳，并加以提示的摄像头……

就像这样，在我们平时上网和使用智能设备的时候，我们喜欢看什么电视节目、喜欢吃什么零食，所有相关信息都被物联网持续收集。

随着智能设备收集的数据不断累积，逐渐形成大数据，那么累积的大量数据中重复的数据就需要删除。把剩下的资料好好分类，挑选出有用的部分，这也十分重要。

独居者呈现持续增长的趋势。如果将面包、蔬菜、水果等食物包装成一人份的量，就能促进销售……

大数据专家

一人份食品包装

对，对！就是那个！

人工智能对物联网收集的大数据进行分析，从而提供合适的服务，这就是商家的目标。

没错，就是这样……智能冰箱，从今天开始我要减肥，帮我订购一些吃了不会长胖的食物。

好的，明白。嘀嘀！

您的超市订单送达！

叮咚

好的，我来开门。

也太快了吧！

啊啊！这……这是什么？喂！你是坏了吗？我不是说了我要减肥吗？

猛地

比萨

炸鸡

虾米

巧克力派

啊！

这是我对过去 3 年收集的数据进行分析后得出的结果。

一、有一天主人看着镜子，感觉自己胖了，决定减肥。

二、他早、中餐都只吃半个苹果、半个红薯，但到晚上还是忍不住吃了三碗饭。

三、这时，由于熊熊燃烧的食欲，他不停吃面包、饼干、巧克力……变得更胖了！

四、他发誓要减肥，可总处于"明天开始"的死循环中。还是放弃吧，尽情地吃吧！

呵呵，这冰箱还挺犀利！

这是非常厉害的人工智能冰箱。

就再吃今天一天，明天开始真的要减肥了！

啊，好吧……

大数据的价值

2016 年 3 月，名叫阿尔法围棋（AlphaGo）的智能机器人与韩国的围棋世界冠军李世石进行围棋人机大战，以 4 比 1 的总比分获胜，成为第一个击败人类职业围棋选手的人工智能机器人。它成功的核心在于通过大数据"深入学习"了人类的棋谱*，筛选分析出了对弈*的模式，每一步棋都是预测胜率后的最佳选择。

* 棋谱：用图文说明下棋的基本技术或解释棋局的书或图谱。
* 对弈：面对面下棋。

如果物联网遭到黑客攻击怎么办？

多亏了物联网，让物与人、物与物之间可以通过网络相互交流。我无法想象以后的生活将多么便捷！

嘿嘿

不过，所有事物都通过网络连接，安全问题会随之凸显。

为什么呢？

物联网是通过每个事物的传感器收集用户信息，从而形成大数据的。

收集到的数据被储存在名为"云"的虚拟服务器中，从而实现共享。

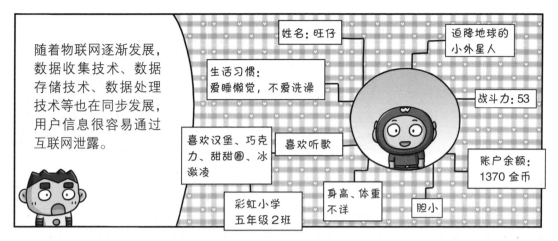

随着物联网逐渐发展，数据收集技术、数据存储技术、数据处理技术等也在同步发展，用户信息很容易通过互联网泄露。

姓名：旺仔

逼降地球的小外星人

生活习惯：爱睡懒觉，不爱洗澡

战斗力：53

喜欢汉堡、巧克力、甜甜圈、冰激凌

喜欢听歌

账户余额：1370 金币

彩虹小学五年级 2 班

身高、体重不详

胆小

如果黑客成功闯入你的联网设备……

啊！

就能窃取设备中的数据，就连银行卡号和密码都可能被盗！

取款机

0 元

啊！谁取走了我的钱？！

余额为 0。

黑客还可以关掉屋内的照明系统和入口、室内的安保系统，然后再入室作案！

嘿嘿！

黑客

急刹车

如果黑客侵入无人驾驶汽车的控制系统，随意遥控行驶中的汽车，将造成严重的交通事故！

我们任何时候都不能放松警惕，黑客的危害太大了！天上地下，所有联网的事物都可能成为他们攻击的对象！我们一定要在这场科技的赛跑中取胜！

天哪！不敢想象！

我提醒过吧，如果不注意安全，我们可能会在不知不觉中被黑客监控。

嗯？

又是垃圾短信*吗？

咦，这是什么？

你被黑客攻击，从今晚10:00开始，将会发生惊人的事情。

噗哈哈哈！他吓唬谁呢？看来这人是闲得太无聊了吧！

真好笑！

*垃圾短信：指通过手机向用户投放的无用的广告短信。

未来的智能手机会是什么样子的？

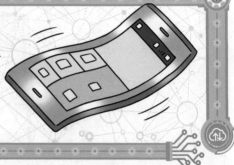

好，这次由小民同学来朗读作文。

选我！

几十年后，已经是大人的我们手里都会拿着一部移动电话边走边打……

班级照片

作文本

噗哈哈！电话怎么移动？拖着长长的电话线走在大街上吗？

这是异想天开！

哈哈！小民的想象力真丰富啊！

就这样我在课堂上丢了脸，哭着回家了。

呜呜呜！

啊！爸爸小时候没有手机吗？

那时家里只有电话，还是那种拨号盘式电话机……

拨电话号码很慢。

现在大家都有手机了，再也看不到人们在公用电话前排长队的场景了。

公用电话

喂，简单说一下就挂了吧！

一直占着公用电话不太好吧？

呃……有急事要打电话的时候应该很焦急吧。

都已经打了半小时了！

后来，无线寻呼机（英文名 beeper），也就是人们常说的"BP机"问世了，迅速火遍大江南北。

闪亮登场

BP机？怎么用的？

利用公共通信网和无线寻呼系统，为拥有 BP 机的用户提供寻呼或数据传输服务，使用方法是……

7X−9XX3

啊，是小美的电话号码！

数码世界与物联网的未来

1. 呼叫者用电话拨打被呼叫者寻呼台的号码，寻呼台把呼叫者的信息转给被呼叫人。

2. 呼叫者的电话号码或留言显示在被呼叫人BP机的显示屏上。

3. 被呼叫人看到后再用电话联系呼叫者。

过程就是这样，BP机不能呼叫，只能单方面接收信息。

呃……和智能手机相比，这机器非常不方便啊！

后来，无线市话系统（俗称"小灵通"）应运而生，就像一台能带出门的无绳电话，虽然只能在当地有网络覆盖的区域使用，但比BP机方便多了。

当时，很多人同时拥有BP机和小灵通两种设备，接到BP机的信息马上就能用小灵通回电话了。

我们是好朋友。

小灵通　　　BP机

小灵通出现后，使用公用电话的人减少了很多。但因为小灵通信号不好，很快就被手机彻底取代了。

这场景很有趣。

那手机是在小灵通之后才被研发出来的喽?

不不不,其实现代意义上的手机早在 20 世纪 80 年代就有了,只是因为价格和使用成本都太高,所以没有普及。

像砖一样!

大哥大

又厚又重,带着长长的天线,俗称"大哥大"。

想象不到吧?当时普通人一年的工资都买不起大哥大,每个月的工资可能都不够交话费,而且当时申请手机号码还需要交高昂的入网费呢!

所以,只有"大哥"才用得起吗?

叔叔,我们谈到手机的时候,经常会提起 4G、5G,那是什么意思?

啊哈!你是指 4G 手机、5G 手机对吗?

让我来告诉你,G 取自英语 generation 的首字母,这个单词是"代"的意思。

那么 4G、5G 就是第四代、第五代的意思喽?

哈哈,没错。4G、5G 就是指第四代、第五代移动通信技术。

移动通信是指通信的双方至少有一方处于移动状态的通信模式。

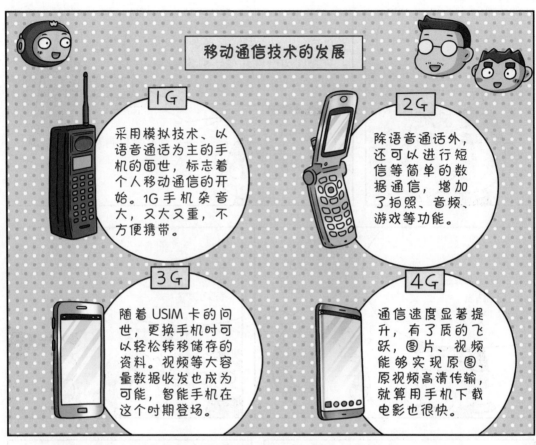

移动通信技术的发展

1G
采用模拟技术、以语音通话为主的手机的面世，标志着个人移动通信的开始。1G手机杂音大，又大又重，不方便携带。

2G
除语音通话外，还可以进行短信等简单的数据通信，增加了拍照、音频、游戏等功能。

3G
随着USIM卡的问世，更换手机时可以轻松转移储存的资料。视频等大容量数据收发也成为可能，智能手机在这个时期登场。

4G
通信速度显著提升，有了质的飞跃，图片、视频能够实现原图、原视频高清传输，就算用手机下载电影也很快。

5G通信技术不仅速度大大提升，还加强了人与物、物与物之间的通信。

以后智能手机可以自由弯曲，携带起来更方便。

未来可能会出现可以传输味道的智能手机。

虽然非常期待10年后、20年后的智能手机……

但是我仍非常怀念用BP机的年代。

BP 机暗号

11111	赶快回电话
530	我想你
520	我爱你
1314	一生一世
888	恭喜发财
837	别生气

那时候我和奉九妈妈正在热恋，多亏有 BP 机，我们天天互发甜蜜暗号。

你好浪漫！

亲爱的，我想你了！

呃……起鸡皮疙瘩了。

抓挠

呃！

我说过脱下来的臭袜子不要随手乱扔吧？

我错了！

他俩怎么好不到 10 分钟？

什么是智能手机

智能手机是一种结合了手机和计算机功能的移动电子设备，不仅有接打电话、收发短信的功能，还像计算机一样具有独立的操作系统，从而可以下载和安装各种软件和程序，不断丰富自身的功能。如今的智能手机与我们的生活息息相关，上网、导航、遥控、购物……未来的智能手机还可能实现虚拟现实的功能。

数码世界与物联网的未来

自动驾驶汽车

自动驾驶汽车又称无人驾驶汽车，是指不依靠驾驶员操作，自己就能行驶的汽车。汽车自行感知周围的情况并行驶，这是怎么做到的呢？

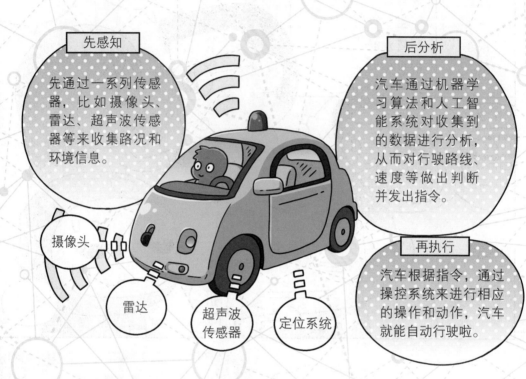

先感知

先通过一系列传感器，比如摄像头、雷达、超声波传感器等来收集路况和环境信息。

后分析

汽车通过机器学习算法和人工智能系统对收集到的数据进行分析，从而对行驶路线、速度等做出判断并发出指令。

再执行

汽车根据指令，通过操控系统来进行相应的操作和动作，汽车就能自动行驶啦。

摄像头

雷达

超声波传感器

定位系统

历史上的"无人驾驶"汽车

出发

第一辆字面意义上的"自动驾驶汽车"诞生于 1926 年，它并非真正的自动驾驶，其实是一辆远程遥控车。

1979 年，斯坦福大学推出了第一辆真正的无人驾驶汽车，它长得像月球车，速度像蜗牛，移动 1 米就要花 10 多分钟。

第一批借助计算机并真正能称为车的自动驾驶汽车出现在 20 世纪 80 年代。不过这些车跑不了多远就会出现故障。

自动驾驶汽车的最终目标是：完全不需要驾驶员的介入，汽车可以自行识别周围环境，判断行驶情况，安全行驶到目的地。

Level 0

无自动驾驶技术阶段，驾驶员要亲自控制一切。

Level 1

驾驶员利用摄像头和传感器等协助判断，从而调整速度和方向。

Level 2

汽车自行保持速度与方向的阶段。为了保持与前车的距离，可以调整速度，但是需要驾驶员来调整和开启这项功能。

Level 3

半自动驾驶阶段。虽然汽车可以自行感知障碍物并避开障碍物，但在特定情况下仍需要驾驶员的介入。

Level 4

用户只需输入目的地，汽车就能全程自动驾驶的阶段。

☞ 自动驾驶汽车的未来

目前无人驾驶汽车的行驶技术已经达到了半自动驾驶阶段，即第三阶段。在未来第四阶段的完全自动驾驶汽车，即不需要驾驶员的无人驾驶汽车问世后，用户就可以在行驶途中放心睡觉了，汽车会自动驾驶，安全到达目的地。但是，如果汽车的电脑遭到黑客攻击或导航找不到目的地，在这类预想不到的突发情况下，危险系数较大，这是现阶段科学家们需要解决的课题。

电视是怎么传输图像的？

主播是如何记住这么长的新闻的呢？为什么看3D电影会头晕？小朋友们，这些问题的答案都在《儿童百问百答 64 神奇的电视传播》中。